机械制造工程训练规范与报告

（非机类专业适用）

U0194908

_____学院(系)_____班

姓　名：_____

学　号：_____

实训时间

自_____年_____月_____日

至_____年_____月_____日

西北工业大学出版社

【内容简介】 本书主要凝练了以"两卡一图"为核心的陕西省教学成果二等奖内容,介绍了机械制造工程训练的训练过程、训练内容以及所用设备、工具、材料等。

本书可作为高等教育本、专科院校和技工学校的机械制造工程训练教材,也可作为企业职工培训教材。

图书在版编目（CIP）数据

机械制造工程训练规范与报告:非机类专业适用/祁立军主编 . —西安：西北工业大学出版社,2016.8(2019.8重印)

(现代工程教育丛书)

ISBN 978 - 7 - 5612 - 5032 - 7

Ⅰ.①机… Ⅱ.①祁… Ⅲ.①机械制造工艺 Ⅳ.①TH16

中国版本图书馆 CIP 数据核字（2016）第 203988 号

出版发行：西北工业大学出版社
通信地址：西安市友谊西路 127 号 邮编：710072
电 话：(029)88493844 88491757
网 址：www.nwpup.com
印 刷 者：陕西向阳印务有限公司
开 本：787 mm×1 092 mm 1/16
印 张：4.75
字 数：109 千字
版 次：2016 年 8 月第 1 版 2019 年 8 月第 5 次印刷
定 价：12.00 元

前言

 本书是依据机械基础课程教学指导分委员会工程材料及机械制造基础课指组(金工)对普通高等学校工程材料及机械制造基础系列课程教学基本要求,结合机械制造工程类教学内容与体系改革编写的。

 随着科技的发展及工程训练内容的拓展,特别是现代制造技术加工部分的变化,西安工业大学工业中心增设了相应的工程训练教学项目。为了使教材与实训内容一致,结合近年来学校工业中心教学改革研究成果,我们组织编写了本书。

 机械制造工程训练包括传统制造技术及先进制造技术两部分。针对训练内容,结合训练大纲,我们编写了机械制造工程训练规范,制作了"指导过程卡片""加工工艺卡片"及"实训零件图",即"两卡一图"。并以"两卡一图"为核心,申请了校级及省级教改项目,申报并获批校级教学成果特等奖、陕西省教学成果二等奖。西北地区高校工程训练研究会充分肯定了本成果,并在西北地区高校大力推广。

 本书汲取了其他同类教材的优点及实践教学经验,在内容上分为两部分:机械制造工程训练规范和机械制造工程训练报告。以冷加工、热加工、数控加工、特种加工为序进行排列,增加开放性题目,期冀拓展与训练学生的思维、提高学生的工程素养。

 根据专业及实训要求不同,实训安排分为两类:一类为机械类、近机类专业,实训时间为四周;另一类为非机类专业,实训时间为两周。

 本书由西安工业大学祁立军担任主编。在编写过程中,马保吉教授、宁生科教授、李蔚教授、王小翠副教授给予了指导与支持。王文锋、魏武生、常小涛、王福东、苏剑、杨晶、赵振杰等众多实训教师给予了大力支持并参与了本书的编写工作。在此向所有"两卡一图"教学改革研究项目的参与者,向所有关心、支持和帮助本书编写的教师表示衷心的感谢。

 由于水平有限,书中难免存在不妥之处,恳请使用本书的读者提出宝贵意见,以求进步。

编　者

2016 年 6 月

目 录

第一部分

规　　范

实训评分标准

一、操作技能成绩评分办法

(1)为了评分的公平、公正、公开,让学生参与到工程训练的各个环节,加强质量意识,特制定本办法。

(2)由指导教师将学生分成小组,每组4~5人。小组中所有学生对加工出的每一个零件进行测量并评分,去掉最高、最低分后进行平均,以平均分计入操作成绩。

(3)在评分过程中使用加工时所用量具进行测量。

(4)指导教师负责监督,对评分过程中弄虚作假者,该小组所有成员操作成绩以0分计。

二、基本素质成绩评分标准

评分项目		评分标准
纪律	不服从教学安排	总评不及格
	找他人冒名顶替	0
	违反实训安全操作规程	0
	不遵守车间安全管理规定	一次扣10分
	实训期间随意串岗、玩手机	一次扣5分
	实训期间不按要求着装	一次扣5分
出勤	迟到、早退	一次扣5分
	迟到、早退累计3次,按旷工1天计	该工种计0分
	无故缺席实训时间1/3以上	总评不及格
	未能完成实训者	总评不及格
劳动	不打扫卫生	一次扣10分
	打扫卫生敷衍了事	一次扣5分

注:基本素质成绩满分为100分。

实训 1

车削加工实训

一、车床安全操作规程

(1)必须熟悉车床性能,掌握操作手柄功能,否则不得使用车床。

(2)车床启动前,要检查手柄位置是否正常、手动操作各移动部件有无碰撞或不正常现象,润滑部位要加油润滑。

(3)工件、刀具和夹具都必须装夹牢固后才能切削。

(4)车床主轴变速、装夹工件、紧固螺钉、测量工件、清除切屑或离开车床等都必须停车。

(5)禁止在机床床面和顶尖间进行调直工作;禁止用榔头砸棒料,以免损坏卡盘和机床。

(6)在工件转动中,不准用手摸工件,或用棉丝擦拭工件;不准用手清除切屑;不准用手强行刹车。

(7)车床运转不正常、有异声或异常现象、轴承温度过高时都要立即停车,并报告指导教师。

(8)保持工作场地整洁,刀具、工具、量具应分别放在规定位置,床面上禁止摆放各种无关物品。

(9)工作结束后,应擦净车床并在导轨面上加润滑油,将各部位手柄置于安全位置,清理工具,保养机床并打扫工作场地。

二、实训目的及要求

提高安全操作意识,养成良好的工作习惯。了解车床结构、型号、车刀种类及用途,了解车刀材料、刀具组成及几何角度,掌握大、中、小拖板的操作动作,理解车削加工中的主运动和进给运动,熟悉车床各操作手柄。掌握端面、外圆的车削方法,掌握游标卡尺、千分尺的使用方法,掌握阶梯轴的车削方法。了解榔头手柄的加工工艺,能够独立完成简单轴类零件的加工,形成对车削加工的全面认识。

三、成绩构成及操作技能评分标准

本实训工种成绩由三部分构成,其中操作技能成绩占 60%,基本素质成绩占 20%,基本知识成绩占 20%。

车削加工操作技能成绩评分标准

评分项目及标准		满分
直径	尺寸值为 $\phi10^{-0.10}_{-0.20}$ mm;每超差 0.05 mm,扣 5 分;尺寸值大于 $\phi9.9$ mm 或小于 $\phi9.5$ mm,得 30 分	70 分
长度	尺寸值为 18±0.2 mm;每超差 0.05 mm,扣 5 分;尺寸值大于 18.2mm 或小于 17.8 mm,计 0 分	20 分
表面质量	表面光洁;若表面粗糙度值大,得 5 分	10 分

注:车削加工操作技能成绩满分为 100 分;能根据加工工艺独立完成操作的,在所得成绩的基础上加 10 分。

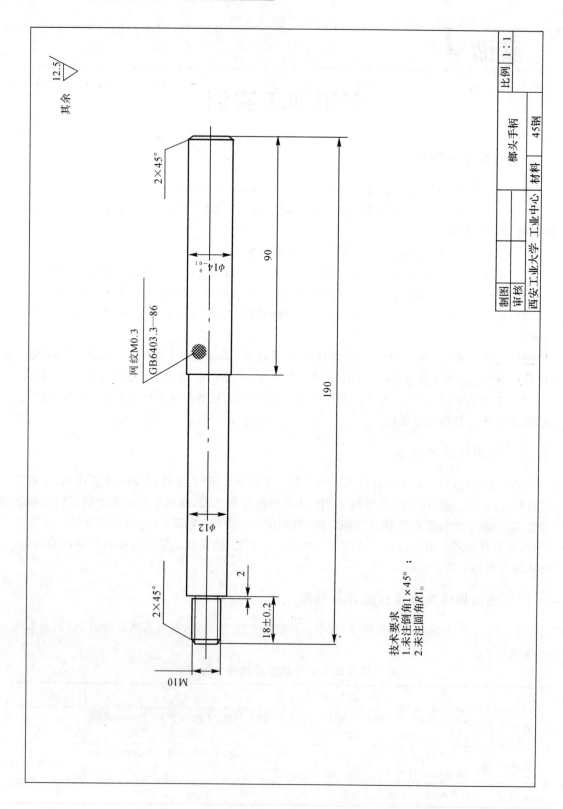

其余 12.5▽

2×45°

网纹M0.3
GB6403.3—86

$\phi14^{0}_{-0.1}$

$\phi12$

2×45°

M10

2

18±0.2

90

190

技术要求
1.未注倒角1×45°；
2.未注圆角R1。

制图			榔头手柄		比例	1:1
审核						
西安工业大学 工业中心			材料	45钢		

车削训练指导过程卡片

西安工业大学　工业中心　｜　总 1 页　第 1 页　｜　训练类别：两周

序号	教学形式	教学内容	教学手段	教学目的	课时（教学时间 1天）
上午					
1	示范讲解 学生操作	(1)车削加工安全教育；(2)认识车床，分配车床；(3)车削前准备工作；(4)大、中、小拖板的操作	车床 游标卡尺 高速钢车刀 φ25 mm×200 mm 练习料	提高安全操作意识；要求爱护公物，正确做好车削前准备工作，掌握大、中、小拖板的操作动作	9:00~9:20
2	示范讲解 学生操作	(1)坯料及车刀的安装；(2)车床的组成；(3)如何开启车床及车刀，(4)进行空车练习		能独立完成坯料及车刀的安装，能控制各操作手柄及开关；熟悉车床各手柄，能控制各操作手柄及开关	9:20~9:50
3	示范讲解 学生操作	车端面、划线、对刀的方法		会通过摇动拖板手柄增强车削时的稳定性；能独立完成车端面、划线、按接触点对刀	9:50~10:30
4	示范讲解 学生操作	认读游标卡尺，粗车外圆		能正确使用卡尺测量工作，并留 0.5~0.2mm 的精车余量	10:30~11:00
		课间休息			11:00~11:10
5	示范讲解 学生操作	(1)认读千分尺，精车外圆；(2)讲解消除丝杠和螺母之间间隙的方法	车床 游标卡尺 千分尺 一台阶轴零件图	能正确使用千分尺测量工作，会精车外圆，保证公差	11:10~11:40
6	学生操作	学生综合练习		掌握车削给定尺寸的圆柱体表面	11:40~12:00
		课间休息			
下午					
1	示范讲解 学生操作	榔头手柄材料的装夹	车床 顶尖 游标卡尺 榔头手柄 工艺图	用"一夹一顶"的方法装夹榔头手柄坯料	13:30~13:50
2	示范讲解 学生操作	(1)榔头手柄工艺及加工方法；(2)粗车榔头手柄外径至 φ(14.5±0.10) mm×90 mm；φ(12.5±0.10)mm；(3)精车榔头手柄外径至 φ(14±0.10) mm×90 mm；φ(12±0.10) mm；		能够独立完成简单轴类零件的加工	13:50~14:50
		课间休息			
3	示范讲解 学生操作	榔头手柄掉头装夹，加工外径 φ(9.7±0.1) mm×18mm；示范榔头手柄两头倒角；2mm×45°，1mm×45°	车床 游标卡尺	独立完成榔头手柄的掉头装夹，并车削至给定尺寸	15:00~15:40
4	示范讲解 教师演示	滚花，套丝工序的操作	滚花刀 板牙	了解滚花，套丝工艺	15:40~16:20
5	工作收尾	收工、卡、量具，清理车床铁屑，打扫车床及地面卫生	清洁工具	养成良好的工作习惯	16:20~16:40
6	互动交流	答疑解惑，总结车削实训全过程			16:40~17:00

车削训练加工工艺过程卡片

西安工业大学 工业中心

材料	毛坯种类	毛坯外形尺寸	每毛坯可制作件数
45 钢	棒料	Ø16 mm×190 mm	1

总 1 页 第 1 页

产品名称	零件名称	每台件数	训练类别：两周 生产纲领：单件小批 生产批量：单件 机床：车床
	榔头柄	1	

序号	工序	工序内容	工序简图	夹具	刀具	量具、辅具	工时
10	车	(1)平端面；(2)钻中心孔		三爪卡盘	端面车刀 φ2 mm 中心钻	游标卡尺	30
20	车	夹出料长 180 mm，尾座顶尖顶住工件（"一夹一顶"）：(1)粗车外圆至 $\phi 14^{+0.10}_{-0.10}$ mm，长度 175 mm；(2)划长度刻线 90 mm 长，粗车至 $\phi 12.5^{0}_{-0.10}$ mm		三爪卡盘	圆弧车刀	游标卡尺	20
30	精车	精车外圆至 $\phi 12^{0}_{-0.10}$ mm		三爪卡盘	圆弧车刀	千分尺	20
40	车	调头装夹，伸出 30 mm：(1)划长度 17 mm，粗车至 $\phi 10.5$ mm；(2)精车 $\phi (9.7\pm0.10)$ mm，保证长度 18 mm；(3)倒角 2 mm×45°		三爪卡盘	外圆车刀	游标卡尺 千分尺	60
50	钳	套 M10 螺纹		三爪卡盘	板牙	螺纹量具	10
60	车	滚花		三爪卡盘	滚花刀		10

实训 *2*

铣削加工实训

一、铣削实训安全操作规程

(1)开车前,检查机床各手柄、摇把位置是否适当,马达、电开关是否好用,各运动部件是否正常,工作物是否夹牢固,各油路是否畅通。

(2)实训时,不准戴手套;紧螺丝、擦机器、测量、换刀、检查工件时,要停车;支撑压板的垫铁应平稳。

(3)吃刀不能过猛,自动走刀必须拉开工作台上的手轮,不准突然改变进刀速度;铣削毛坯工件,应从最高部分慢慢切削,手不得接触传动部分,装卸工件必须停车。

(4)实训时,不准用嘴吹或用手摸铁屑;清扫铁屑要用专用工具;若在加工过程中清扫时,必须使用毛刷。

(5)当设备发出不正常声音时,要立即停车进行检查处理;在工作台和各导轨面、滑动面上,不能放东西。

(6)齿轮和皮带传动部分,要有防护罩;较锐利的工具和工作物,要放置牢固;装卸铣刀时,要防割伤。

(7)实训结束后,必须关闭电气,并将各手把、手轮调整到原位;清理工具,保养机床,打扫工作场地。

二、实训目的及要求

加强安全意识,强化纪律观念,养成良好的工作习惯。了解铣床分类、加工特点、加工范围、组成部分及作用。了解铣刀的材料、分类及加工范围,了解铣床常用附件。掌握铣床的基本操作方法及步骤,掌握游标卡尺的使用方法,掌握平面的铣削方法。

三、成绩构成及操作技能评分标准

本实训工种成绩由三部分构成,其中操作技能成绩占 60%,基本素质成绩占 20%,基本知识成绩占 20%。

铣削加工操作技能成绩评分标准

评分项目及标准		满分
以 A 面为基准的尺寸	尺寸值为 25 ± 0.2 mm;每超差 0.05 mm,扣 5 分;尺寸大于 25.2 mm 或小于 24.8 mm,得 10 分	30 分
以 B,C 为基准的面尺寸	尺寸值为 $18^{+0.5}_{-0.2}$ mm;每超差 0.02 mm,扣 2 分;尺寸大于 18.5 mm 或小于 18.2 mm,得 30 分	60 分
平行度	B,C 面平行度每超差 0.1 mm,扣 5 分(累计扣分)	10 分

注:铣削加工操作技能成绩满分为 100 分;能根据加工工艺独立完成操作的,在所得成绩的基础上加 10 分。

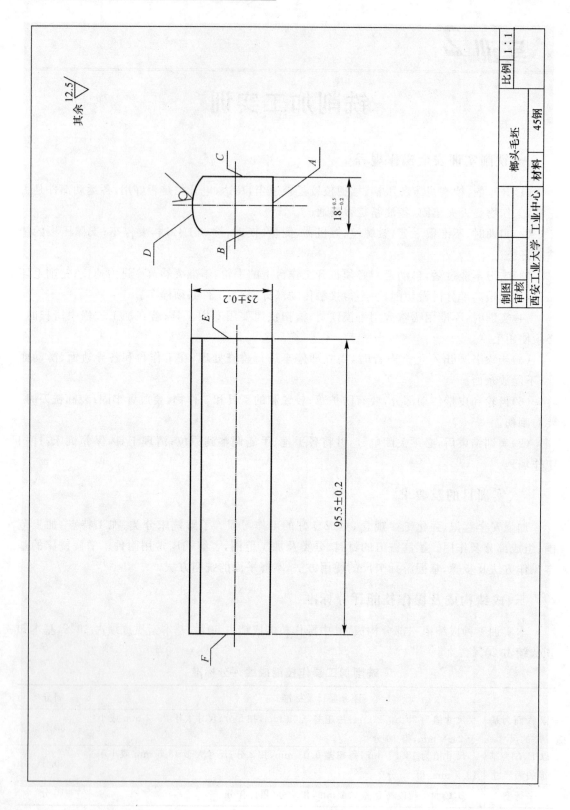

其余 $\sqrt{\dfrac{12.5}{}}$

$18^{+0.5}_{-0.2}$

25 ± 0.2

95.5 ± 0.2

制图			榔头毛坯		比例	1 : 1
审核			材料	45钢		
西安工业大学 工业中心						

铣削训练指导过程卡片

西安工业大学 工业中心				总 1 页　第 1 页	训练类别：两周
				教学时间	1 天
序号	教学形式	教学内容	教学手段	教学目的	课时
上午 1	教学准备	学生分组、考勤、安全教育		加强安全意识，强化纪律观念	9:00—9:20
上午 2	集中讲解 示范讲解	1.介绍榔头毛坯零件加工工艺。2.(1)介绍铣床基本操作及调整：①电源及冷却开关；②主轴变速速调调节；③进给手柄调节；④快速运动手柄的使用。(2)平面铣削加工操作示范	榔头毛坯零件作图 立式铣床 X50A	初步了解榔头毛坯的铣削工艺，了解铣床的基本操作步骤；了解平面的铣削方法	9:20—10:40
		课间休息			10:40—11:00
上午 3	示范讲解 现场指导 学生操作	(1)熟悉铣床各操作手柄；(2)学习使用游标卡尺；(3)空车练习；(4)平面铣削加工练习	立式铣床 X50A 铣削训练加工过程卡片	掌握铣床的基本操作方法及步骤，掌握卡尺的使用，掌握平面的铣削方法	11:00—12:00
下午 1	现场指导 学生操作	平面铣削加工练习	立式铣床 X50A 铣削训练加工过程卡片	掌握平面的铣削方法（机动时间，视学生练习情况而定）	13:30—14:50
下午 2	集中讲解	讲解考核要求、学生做考核准备		了解考核要求	14:50—15:20
下午 3	实习考核	铣削榔头毛坯零件		考核操作成绩	15:20—16:30
下午 4	辅导答疑	分析学生操作中出现的问题，并解答			
下午 5	打扫卫生	(1)清扫铁屑；(2)清扫地面卫生；(3)关闭电源、擦拭机床、门窗	清洁工具	养成良好的工作习惯	16:30—16:50
下午 6	总结	总结铣削实训全过程		形成对铣削加工的全面认识	16:50—17:00

铣削训练加工工艺过程卡片

西安工业大学 工业中心				总1页 第1页	训练类别：两周				

材料	毛坯种类	毛坯外形尺寸	每件毛坯可制作件数	产品名称	榔头	生产纲领	单件小批		
45钢	棒料	φ28 mm×96 mm	1	零件名称	榔头毛坯	生产批量	单件		
				每台件数	1	机床	铣床		

序号	工序	工序内容	工序简图	夹具	刀具	量具	辅具	工时/min
10	准备	用游标卡尺测量毛坯(棒料)直径						
20	铣	(1)将棒料测得值减去25mm，得加工余量，约为3 mm。(2)用毛刷把虎钳清理干净，将毛坯工件放在垫铁上，夹紧棒料两端，再均匀敲毛坯，直到稳定为止。(3)加工A面：开机床，先使毛坯最高点低于刀头2～4 mm(降升降手柄)并进入铣刀直径1/2处(摇升降手柄)；调整铣刀和工件的相对位置(找中心)，将横向锁紧，找切点(铣刀底齿与工件表面相切)，将铣刀纵向退出一圈半，再将螺钉拧紧；按顺时针方向旋转一圈半，将升降螺钉刻线对准刻线，工作台(即工件)上升3 mm，将工作台纵向自动手柄向铣刀方向拨动；开始铣削，直至加工到所需尺寸为止。	（25）（95.5） 注意：在铣削A面时，切削深度不能大于3 mm	X50A 平口钳	φ25 mm 锥柄立铣刀	游标卡尺	垫铁	10
30	铣	(1)先用毛刷把虎钳清理干净，将加工好的A面紧固定钳口，重新装夹并敲好，加工余量为(28-18.5)/2=4.75 mm；(2)加工B面，加工步骤同工序20	（23.25）（95.5） 注意：在铣削B面时，切削深度不能大于3 mm					10
40	铣	(1)去AB棱边毛刺；(2)测量B面到对面的圆弧面尺寸，用测量值减去18.5 mm，注意：A、B面的方向不能放反；(3)加工出C面，加工工步骤同工序20	（18.5）（95.5） 注意：在铣削面C面时，切削深度不能大于3 mm		平锉(10寸)	游标卡尺	垫铁	20

钳 工 实 训

一、钳工实训安全操作规程

(1)实训前必须认真检查所有工具,做到"三不用",即榔头柄不牢不用,榔头卷边不用,样冲尾部有缺口不用。

(2)要熟识图纸,工件要去棱倒角,毛坯工件要去毛刺;女生要戴好工作帽,不许穿拖鞋、凉鞋,须穿好工作服。

(3)使用钻床时,不准戴手套或用手拿棉纱扶工件;工件要压紧在钻床上,严禁用手拉钻床上的铁屑。

(4)锉削时,不准用手去摸锉削的表面,严禁用嘴吹铁屑。

(5)使用电钻时,要戴好绝缘手套。

(6)在砂轮上磨削时,不准撞击,人应站在砂轮外圆端面45°方向。

(7)每天实训完毕之后,必须整理工具,打扫工作场地。

二、实训目的及要求

加强安全意识,强化纪律观念,养成良好的工作习惯。了解钳工加工在机械制造和维修中的作用,了解钳工常用工具、加工特点和基本操作方法(划线、锯、锉、钻孔和铰孔、攻丝及套丝等)。了解并掌握钉锤的加工工艺过程。学会测量毛坯,确定基准;掌握孔的钻削操作;掌握划线的基本方法及工、量具的使用方法。掌握锯割、锉削的基本操作,掌握攻丝加工,掌握基本修配方法。

三、成绩构成及操作技能评分标准

本实训工种成绩由三部分构成,其中操作技能成绩占60%,基本素质成绩占20%,基本知识成绩占20%。

钳工操作技能成绩评分标准

	评分项目及标准	满分
尺寸	宽度尺寸 $18_{-0.3}^{0}$ mm;每超差 0.02 mm,扣 2 分;尺寸大于 18 mm 或小于 17.5 mm,得 20 分	50 分
	长度尺寸 $52_{-0.5}^{0}$ mm;每超差 0.02 mm,扣 2 分;尺寸大于 52 mm 或小于 51.3 mm,得 0 分	20 分
	尺寸 $3_{-0.3}^{0}$ mm;每超差 0.02 mm,扣 2 分	20 分
表面质量	锉刀纹路无明显锉痕,每处明显锉痕扣 5 分(若有多处明显锉痕,累计扣分)	10 分

注:钳工操作技能成绩满分为100分;能根据加工工艺独立完成操作的,在所得成绩的基础上加10分。

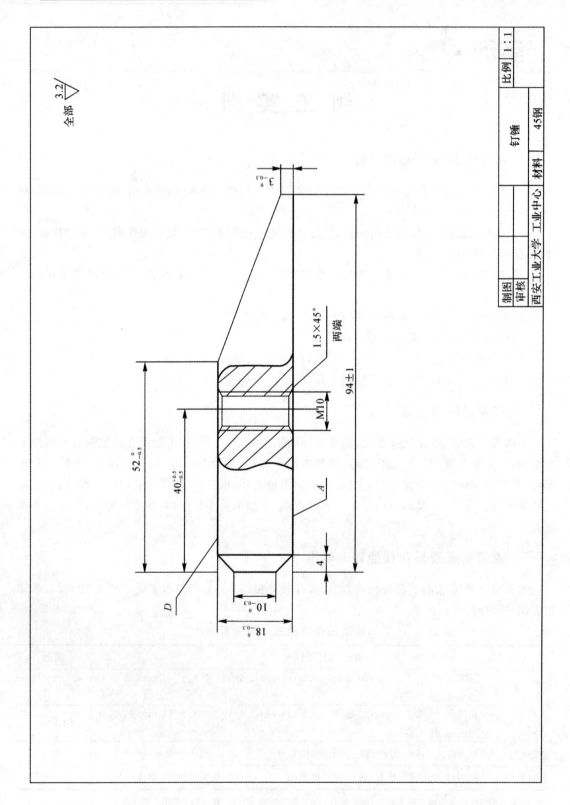

全部 $\sqrt{\dfrac{3.2}{}}$

钉锤

45钢

制图　审核　西安工业大学 工业中心　材料

比例 1:1

$3^{\ 0}_{-0.3}$

94 ± 1

1.5×45°
两端

M10

$52^{\ 0}_{-0.5}$

$40^{+0.5}_{-0.5}$

A

D

4

$10^{\ 0}_{-0.3}$

$18^{\ 0}_{-0.3}$

钳工训练指导过程卡片

西安工业大学　工业中心　　训练类别：两周　　总1页　第1页

	序号	教学形式	教学内容	教学手段	教学目的	课时（教学时间）
上午	1	教学准备	(1)考勤；(2)钳工安全教育；(3)分发工量具；(4)分发毛坯料	钉锤零件图 钳工实物 钳工训练加工工艺过程卡片	加强安全意识，强化纪律观念	9:00—9:05
	2	集中讲解	(1)讲解钳工的工作特点；(2)分析钉锤实物毛坯到零件图、零件图，了解从毛坯到零件的基本加工过程	钉锤零件图 钳工实物 钳工训练加工工艺过程卡片	了解钳工的加工特点，应用及加工过程	9:05—9:15
	3	示范讲解	(1)去除毛坯周边毛刺；(2)测量毛坯料长度尺寸和宽度尺寸；(3)以两侧面为测量基准选择基准面	游标卡尺 直角齿 锉刀	学会找基准	9:15—9:30
	4	示范讲解	(1)划线的基本方法及工量具的使用；(2)椰头各工步的划线顺序	划线平板 高度游标卡尺 游标卡尺 钢板尺 划针	掌握划线方法	9:30—9:40
	5	现场指导 学生操作	学生独立完成制作椰头外形各个工步的划线			9:40—10:00
			课间休息			10:00—10:10
	6	示范讲解	(1)锯弓和锯条的构造；(2)锯条的选用；(3)手锯的握法及站立姿势；(4)进行毛坯的锯割步骤及加工要点	锯弓 锯条	掌握锯割的基本操作	10:10—10:40
	7	现场指导 学生操作	学生操作完成平面、斜面的锯割			10:40—12:00
下午	1	示范讲解	平面锉削方法：交叉锉、顺向锉、推锉	平锉	掌握锉削的基本操作	13:30—13:50
	2	现场指导 学生操作	完成钉锤的平面、斜面锉削			13:50—15:20
	3	示范讲解 现场指导 学生操作	(1)在椰头毛坯上划线并打样冲眼；(2)钉锤孔的钻削加工；(3)钉锤孔内螺纹的加工；(4)进行零件表面的微量锉削和抛光；(5)完成钉锤和锤柄的装配	样冲 椰头 钻床 钻头 丝锥 铰杠 纱布 锉刀	掌握孔的划线方法，了解钻孔加工，了解攻丝加工，了解基本修配方法	15:20—16:20
	3	考核评分	按考核要求评分			
	4	打扫卫生	(1)清扫铁屑，清理工作台；(2)清扫地面卫生；(3)将工、量具摆放整齐	清洁工具	养成良好的工作习惯	16:20—17:00

钳工训练加工工艺过程卡片

西安工业大学 工业中心				总1页	第1页	训练类别：两周
				产品名称	钉锤	生产纲领 单件小批
				零件名称	钉锤	生产批量 单件
材料 45钢	毛坯种类 棒料	毛坯外形尺寸 95.5 mm×18 mm×25 mm		每台件数 1	每毛坯可制作件数 1	
序号	工序名称	工序内容	简 图	设备、工、量具		工时/min
10	准备	(1)钳工安全教育；(2)清点工、量具；(3)领取毛坯				15
20	锉削	(1)去毛坯周边毛刺；(2)检查毛坯尺寸：长度尺寸≥95mm，宽度尺寸≥18mm 以B、C基准面和它相邻的面为测量基准面修锉A基准面，保证垂直		平口钳 锉刀 游标卡尺		15
30	划线连线	(1)以A基准面为基准划52面、18mm；(2)作52面和18mm的交点与94mm的交点用钢板尺连线，按主视图外轮廓线划线，交点处必须打样冲眼		平口钳 划规、划针 样冲 划线平台 高度游标卡尺		30
40	锯割	将工件锯割线与虎钳垂直装夹，起锯距离0.5—1mm余量，待锯锉削		平口钳 手锯 游标卡尺 铜钳口		150
50	锉削	修锉锯割面达到图纸要求，按工件长度方向顺理纹路		平口钳 锉刀 游标卡尺 铜钳口		150
60	划线	(1)以A面为基准，在B面上划4mm尺寸线，以C面为基准，划40mm尺寸线；(2)以A面为基准，在B面上划中心线；(3)在B面两线交点处打样冲眼，以钻孔定心		高度游标卡尺 划线平台 靠铁		20
70	锉底面	修锉A面倒角		锉刀 台虎钳		20
80	钻孔	(1)钻M10螺纹底孔φ8.5mm；(2)锪孔2-1.5 mm×45°		φ8.5 mm钻头 平口钳 M10丝锥		20
90	攻丝	攻制M10螺纹，保证垂直度		砂布 锉刀 台虎钳 铜钳口		20
100	光整装配	(1)按工件长度方向修锉顺理纹路，抛光达到钉锤图纸要求；打标记，交验。(2)完成钉锤锤头和锤柄的装配		锉刀 台虎钳 铜钳口		20

实训 4

铸 造 实 训

一、铸造实训安全操作规程

(1)造型时春砂用的平锤用完后要水平放置在旁侧,切勿垂直放置。

(2)撒分型砂后,切勿低头用嘴吹走分型砂,以免砂尘入眼。

(3)已翻转的上砂型应在统一规定位置放好,以免顶裂或碰坏。

(4)将模型埋入砂型时,切勿用铁锤猛击,以免损坏模样。

(5)应由实训指导教师详细检查后,再进行红外线熔铝钳锅炉升温,学生切勿乱动电器开关。

(6)熔化完毕、进行浇注金属前,应检查所有要与高温金属液接触的工具(如铁钎及金属液的壳子、勺子等)是否已清洁干净,或是否烘干达到要求,或是否涂擦涂料等,否则它们将会弄脏金属液或导致飞溅等危险。

(7)熔融的高温金属液在浇注运送途中或浇入砂型时,应检查是否有余液碎块失落在道路上或砂型旁,有则应立即清除干净以免伤人,勿用手触摸。

(8)浇注时,必须确保砂型附近无积水存在,以免金属液滴与水接触引起飞溅或爆炸危险。

(9)浇注金属液时必须服从指挥,上下、高低、快慢、缓急都应合理。

(10)浇注金属液时,非工作人员不应站立在行走通道以免阻塞,也不应站在距离铸型太近处围观,以免危险。

(11)浇注后的铸件应按工艺要求按时开箱,以免过早开箱导致废品和危险。

(12)清理铸件应注意砂型附近的高温金属碎料或灼热铸件,以免烧伤危险;切勿触摸高温铸件或碎块;打箱时应慎重以免打断损坏铸件;清理铸件时应视具体铸件来决定清理后的铸件是放在空气中冷却,还是放在冷水中加速冷却,或是继续埋入砂堆中缓冷。

二、实训目的及要求

加强安全意识,强化纪律观念,养成良好的工作习惯。了解塑料注射成型的方法、金属压铸成型方法。了解铸造、造型方法基本知识,建立手工造型的基本概念,掌握手工挖砂造型方法。了解砂型铸造生产全过程,了解铸件浇铸、落砂和清理方法,了解常见铸造缺陷及其产生原因。

三、成绩构成及操作技能评分标准

本实训工种成绩由三部分构成,其中操作技能成绩占 60%,基本素质成绩占 20%,基本知识成绩占 20%。

铸造操作技能成绩评分标准

评分项目	满分
搅拌材料、放置底板	10分
砂箱造型,刮分型面,取模、清理型腔,放置浇铸棒,填砂、紧实	55分
合箱、扎气孔、浇铸	20分
铸件表面质量,完好程度	15分

注:铸造操作技能成绩满分为100分。

铸造训练指导过程卡片

						训练类别：两周
				总 1 页	第 1 页	1 天

西安工业大学 工业中心

序号	教学形式	教学内容	教学手段	教学目的	教学时间 课时
第一天上午 1	教学准备	(1)考勤；(2)安全教育；(3)讲解注意事项等		加强安全意识、强化纪律观念	9:00—9:20
4	集中讲解	(1)铸造的概念、分类及特点；(2)砂型铸造的特点、应用；(3)砂型铸造的生产工艺过程；(4)砂型铸造的组成及其作用	挂图 板书 模型	了解铸造基本知识	9:20—10:50
		课间休息			10:50—11:10
3	示范讲解	(1)介绍手工造型的主要工序流程；(2)介绍手工造型用砂箱、模样、工具等使用常识；(3)挖砂造型(手轮)示范	造型底板、砂箱、模样 各种造型工具 造型材料	建立手工造型的基本概念 掌握两箱挖砂造型方法	11:10—11:30
4	现场指导	手轮的造型操作			11:30—12:00
第一天下午 1	实习考核	手轮的造型操作		进行手轮造型操作实践	13:30—14:30
		课间休息			14:30—14:50
2	集中讲解	(1)铸造合金熔炼方法和所用设备；铸件缺陷种类、原因及预防措施	加热炉 浇包 砂型	掌握铸作浇铸、落砂、清理方法	14:50—15:10
3	示范讲解	浇铸、落砂及清理过程			15:10—16:30
4	集中讨论 集中讲解	铸件缺陷的鉴别与讨论	黑板、挂图 铸件	了解常见铸造缺陷及其产生原因	16:30—16:50
5	打扫卫生	清理现场、整理工具	清洁工具	养成良好的工作习惯	16:50—17:00

实训 5

焊接实训

一、电弧焊安全操作规程

(1)操作前必须检查焊机是否接地,电缆焊钳绝缘是否良好。

(2)操作时,必须穿好工作服、围好毛巾,系好绝缘鞋套袜,戴好手套和面罩;严禁不通过防护玻璃直视电弧。

(3)焊过的工件敲渣前,用焊帽挡好,以免焊渣飞入眼内。

(4)刚焊过的工件必须用手钳夹持,以免烫伤。

(5)严禁将焊钳放在工作台上,以免短路,烧坏焊机。

(6)发现焊机或线路发热烫手时,应立即停止工作,切断电源。

(7)操作完毕后,应切断电源,清理工具,打扫现场;未用完的焊条放置在干燥的地方。

(8)焊后的焊条头,应放置在固定的容器内,养成节约、不浪费的习惯。

(9)焊前、焊接过程中、焊后,发现焊机等有不正常情况时,应及时请实训指导教师检查。

二、实训目的及要求

加强安全意识,强化纪律观念,养成良好的工作习惯。了解焊接基础知识、设备名称,掌握电焊条的种类等。了解手工电弧焊工作原理和电焊时的使用工具及防护用具。了解焊接基本操作知识和实际操作过程,熟悉焊接的基本操作动作,初步掌握手工电弧焊的操作。

三、成绩构成及操作技能评分标准

本实训工种成绩由三部分构成,其中操作技能成绩占 60%,基本素质成绩占 20%,基本知识成绩占 20%。

焊接操作技能成绩评分标准

评分项目	满分
开、关电源顺序,焊炬放置	35 分
焊接操作步骤,要领	35 分
夹持焊条方法	15 分
焊缝质量	15 分

注:焊接操作技能成绩满分为 100 分。

焊接训练指导过程卡片

西安工业大学 工业中心

总 1 页　第 1 页

训练类别：两周

序号	教学形式	教学内容	教学手段	教学目的	教学时间 课时
上午 1	集中讲解	(1)焊接概述、分类、用途；(2)电焊条的组成、常用牌号；(3)焊接工艺、焊接方法；(4)基本焊接操作技术	黑板 ppt	了解焊接基础、设备名称，掌握电焊条的种类等	10:50—12:00
下午 1	集中讲解	介绍交流电焊机和电焊机时使用工具及防护用具	各种焊接设备及工具	了解不同焊接设备及其工作原理	13:30—13:50
2	示范讲解	(1)介绍工件焊接方法；(2)演示手工电弧焊接过程并讲解基本操作技术与要求	手弧焊机 电焊条 被焊工件	了解焊接的实际操作过程	13:50—14:20
3	现场指导学生操作	学生模拟练习：(1)两种引弧方法(敲击法、划擦法)；(2)三种运条方向	手弧焊机 电焊条 被焊工件	熟悉焊接的基本操作动作	14:20—14:30
4	现场指导学生操作	(1)接通电焊机电源；(2)根据电焊条直径，调节焊接电流参数；(3)练习两种引弧方法；(4)练习平焊	手弧焊机 电焊条 被焊工件	掌握手工电弧焊的操作	14:30—15:40
5	实习考核	按照考核标准，进行焊接实际操作考核	被焊工件 采用对接形式实施焊	获得学生操作成绩	15:40—16:20
6	打扫卫生	(1)清理焊接现场；(2)清理磨削现场	清洁工具	养成良好的工作习惯	16:20—17:00

焊接训练操作过程卡片

	总1页	第1页	训练类别：两周
西安工业大学 工业中心	产品名称	练习件	生产纲领　单件　小批
	零件名称	练习件	生产批量　单件
	每合件数		机床

材料 45钢	毛坯种类	板料	毛坯外形尺寸	每毛坯可制作件数	

序号	操作名称	操作内容	备注
1	准备	穿好工作服，戴好护手套，防护面罩，脚盖，安全帽等	
2	摆放工件	采用直角接形式，对接形式，焊接位置采用平焊位置，保证工件与工作台接触良好	
3	接通电焊机和排风扇电源	将墙壁上空气开关向上推，至 ON 位置	
4	调节电焊机	将 BX6-300 型电焊机调节至 φ2.5 mm 位置，将 BX6-250 型电焊机调节至第 3 挡的位置	
5	安装夹持电焊条	取一支电焊条，放入面罩内；将焊条裸露尾部露至在面罩外，手拿电焊钳，右手拇指捏住电焊钳小把，使电焊钳口张开，夹住电焊条；将拇指松开，五指合拢握住电焊钳粗把，准备引弧	
6	电焊条的引弧	电焊条引出电弧可采用敲击法或划擦法均可。建议学生使用划擦法引出电弧	
7	施焊操作	焊接时按要求保持电弧长度，使电焊条熔化速度等于焊条熔化速度。同时将电焊条沿焊缝方向均匀缓慢移动，并使电焊条横向作横向轻微摆动，横向摆动幅度越大，形成的焊缝越宽	
8	焊缝的点固定与收尾	焊缝长度超出 200 mm，焊接时必须先将两个工件进行三点或多点的点焊固定，使焊件位置相对固定，以便于施焊。焊缝的收尾，即焊条的熄灭方法：当一根焊条有用完时或焊条运动至焊缝末端时，将电焊条原地缓慢旋转 360°，向上提起电弧自动熄灭，焊接工作完成	
9	检查	用敲焊渣榔头沿焊缝方向敲击焊缝表面，清除焊渣壳，观察焊缝成型情况及质量。出现气孔、裂纹、夹渣、咬边、未焊透或未连接好的部位，需要进行二次补焊	
10	焊接结束	按要求摆放好使用工具，取下手套，拿上面罩，离开工作台。站在旁边继续观看其他同学进行焊接操作	

实训 *6*

磨 削 实 训

一、万能磨床安全操作规程

（1）磨削用的夹具、顶尖必须良好有效；固定夹具、顶尖的螺丝要紧固牢靠；磨削长工件时应采取防弯措施。

（2）复变向油阀门必须灵敏可靠，行程挡铁要调整并紧固好。

（3）开动砂轮前应将液压传动开关手柄放在"停止"位置上，调整速度手柄放在"最低速度"位置上，砂轮快速移动手柄放在"后退"位置上，以防开车时，发生突然撞击。

（4）装夹工件后，必须检查工件装夹的是否牢固可靠。

（5）液压系统压力应不得低于规定值；当油缸内有空气时，可移动工作台至两极端位置，排除空气，以防液压系统失灵造成事故。

（6）严禁用无端磨机构的外圆磨床进行端面磨削。

（7）装卸较重工件时应在床面铺放木板。

（8）更换、修正砂轮时应遵守磨工一般安全规程。

（9）装拆工件时，必须使卡盘停止转动，并在将砂轮退出以后，方能拆卸工件，以防砂轮磨手。

二、实训目的及要求

加强安全意识，强化纪律观念，养成良好的工作习惯。了解磨床的种类，砂轮的种类与组成，磨床的加工范围及加工精度；了解磨床的加工过程、操作方法。

三、成绩构成及操作技能评分标准

本实训工种成绩由三部分构成，其中，操作技能成绩占 60%，基本素质成绩占 20%，基本知识成绩占 20%。

磨削操作技能成绩评分标准

评分项目	满分
零件装夹	15 分
能否按照安全操作规程进行操作	60 分
加工表面质量	15 分
机床维护保养	10 分

注：磨削操作技能成绩满分为 100 分。

磨削训练指导过程卡片

西安工业大学 工业中心				总 1 页	第 1 页	训练类别: 两周

序号	教学形式	教学内容	教学手段	教学目的	教学时间	0.5 天
						课时
上午	1 教学准备	(1)考勤; (2)检查学生着装; (3)磨削安全教育		加强安全意识, 强化纪律观念		9:00—9:10
	2 集中讲解	(1)磨床的种类、砂轮的种类与组成, 磨床的加工范围及安全操作步骤; (2)平面磨床、外圆磨床的结构; (3)磨床的加工方法与加工精度	黑板 ppt	了解磨削的基本知识		9:10—9:50
	3 示范讲解	(1)演示平面、外圆磨床加工过程; (2)指导学生分组练习, 用平面磨床、外圆磨床加工零件	平面磨床 外圆磨床	了解磨床的加工过程、操作方法		9:50—10:30

实训 7

先进制造技术集中授课

实训目的及要求

提高数控加工安全意识,养成良好的工作习惯。了解数字化设计制造平台功能及其使用方法,熟悉 CAXA 实体设计软件界面和常用建模方法。掌握零件定位,孔类图素创建及图素的拷贝等功能操作;掌握智能图素截面编辑,特征生成功能生成拉伸特征;掌握表面修改指令,能生成零件。了解并掌握三维球的使用,能对零件进行装配。掌握钣金设计。了解数控设备的组成及特点,了解数控编程坐标系的建立与判别,掌握 G 代码编程,掌握宇航数控仿真软件的使用方法以及代码的输入方法和仿真加工。掌握"CAXA 制造工程师"软件的使用及实体造型文件的调用,参数设置,能进行仿真加工,生成 G 代码。了解特种加工的概念,特种加工的特点。了解电火花加工的历史、特点及加工范围,学会利用 Auto CAD 绘制简单的图案。了解激光的概念、产生机理、特点及应用,掌握激光内雕加工的原理、所用设备的特点及应用范围以及激光内雕加工工艺流程,掌握根据激光内调加工工艺要求进行图片处理的方法。

先进制造集中教学过程卡片

西安工业大学 工业中心				总2页　第1页	训练类别：两周
				教学时间	3天
序号	教学形式	教学内容	教学手段	教学目的	课时
1	集中授课	现代制造技术训练安全教育	多媒体教室	提高数控加工的安全意识	9:00—10:00
		课间休息			10:00—10:10
2	集中授课	先进制造技术概论及数字化设计制造平台概述	多媒体教学设备	了解数字化设计制造平台功能及使用方法	10:10—10:40
		课间休息			10:40—10:55
3	集中授课	CAXA实体设计部分：第1章 CAXA实体设计概述	"CAXA实体设计"软件	了解CAXA实体设计软件界面、常用造型方法	10:55—12:00
4	学生操作	第2章 基础平台：(1)用拖放智能图素功能快速零件设计；(2)利用包围盒圆手柄编辑零件大小	《CAXA实体设计教程》	能进行零件定位，创建孔类图素及图素的拷贝等功能操作	13:30—16:30
5	小结、打扫卫生				16:30—17:00
1	集中授课	数控概述(组成及特点)	多媒体教学设备及PPT课件	了解数控设备组成及特点	9:00—9:20
2	集中授课	数控编程坐标系的建立与判别		了解数控编程坐标系的建立与判别方法	9:20—9:50
3	集中授课	常用数控编程G代码的种类及使用		掌握常用数控编程G代码的种类及用途	9:50—10:40
		课间休息			10:40—11:00
4	集中授课	常用数控编程M及G41、G42代码的种类及使用	多媒体教学设备及PPT课件	掌握常用数控编程M，G41和G42代码的种类及用途	11:00—12:00
5	集中授课	数控铣床操作面板的使用	宇航数控仿真教学软件	掌握宇航数控仿真软件的使用以及代码的输入方法	13:30—14:00
6	集中授课	数控车床操作面板的使用			14:00—14:20
		课间休息			14:20—14:30
7	学生操作	(1)数控铣床操作面板的使用(小汽车图编程及加工)；(2)数控车床操作面板的使用(大极图编程及加工)	宇航数控仿真软件	掌握宇航数控仿真软件的使用以及代码的输入方法和仿真加工	14:30—16:40
8	讲评、打扫卫生				16:40—17:00

第一天上午　第一天下午　第二天上午　第二天下午　第三天下午

先进制造集中教学过程卡片

西安工业大学 工业中心				总2页 第2页	训练类别: 两周 3天	
序号	教学形式	教学内容	教学手段	教学目的	教学时间 课时	
第三天上午	1	集中授课	电火花加工概述	多媒体教学设备	了解电火花加工的历史、特点、加工范围及电火花加工图纸的要求	9:00—9:20
	2	示范讲解	电火花加工图纸的绘制		掌握电火花加工图纸的绘制要求	9:20—9:50
	3	学生操作	绘制加工图案	学生计算机	灵活运用所学绘图的方法,绘制加工图纸	9:50—11:20
	4	集中授课	(1)激光的概念;(2)激光内雕加工的原理、所用设备及应用范围	多媒体教学设备	了解激光的概念以及激光内雕加工的原理、所用设备及应用范围	11:20—12:00
	课间休息					
第三天下午	5	示范讲解	图片处理方法	多媒体教学设备	掌握根据激光内雕加工工艺要求进行图片处理的方法	13:30—14:40
						14:40—14:50
	6	学生操作	图片处理	学生计算机	灵活运用所学图片处理的方法,自行处理个人的图片	14:50—16:30
	7	小结、打扫卫生				16:30—17:00

实训 *8*

数控车削加工实训

一、数控车床安全操作规程

（1）学生进入数控车间实训，必须经过安全文明生产和机床操作规程的学习。

（2）按规定穿戴好劳动防护用品后，才能进行操作；操作前必须认真检查数控车床的状况，夹具、刀具及工件必须夹持良好，才能进行操作；如有异常情况应及时报告指导教师，以防造成事故。

（3）学生必须在教师指定的机床上操作，按正确顺序开、关机，文明操作；不得随意开他人的机床；当一人在操作时，他人不得干扰，以防造成事故。

（4）车削前必须用机床程序校验功能模拟切削过程，确认无误，经教师同意后方可进行车削。

（5）启动机床主轴、开始切削前应关好防护门，正常运行时禁止按"急停""复位"按钮，加工中严禁开启防护门。

（6）不允许在加工过程中擅自离开机床；如遇紧急情况应按红色"急停"按钮，迅速报告指导教师，经修正后方可再进行加工。

（7）学生不得擅自修改、删除机床参数、系统文件以及其他程序文件。

（8）加工完毕后必须进行机床的清洁和润滑保养工作。

（9）工、卡、量具放置应符合安全文明规定，设备损坏照价赔偿。

二、实训目的及要求

提高数控加工的安全意识，养成良好的工作习惯。了解数控车床结构及工作原理，能正确操作机床，掌握对刀方法。掌握手工编程方法，并将正确的加工程序及参数输入机床进行加工，掌握手动切断操作。

三、成绩构成及操作技能评分标准

本实训工种成绩由三部分构成，其中操作技能成绩占 60%，基本素质成绩占 20%，基本知识成绩占 20%。

数控车削加工操作技能成绩评分标准

评分项目	满分
编制程序，仿真操作	35 分
对刀	35 分
机床操作	15 分
加工表面质量	15 分

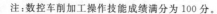

注：数控车削加工操作技能成绩满分为 100 分。

数控车削训练指导过程卡片

西安工业大学 工业中心 | 总1页 第1页 | 训练类别：两周 0.5天

序号	教学形式	教学内容	教学手段	教学目的	教学时间 课时
1	集中讲解	(1)数控车削加工安全教育；(2)分组：将学生分为为五个小组，讲述小组长的职责		提高数控加工的安全意识，能正确操作数控机床，养成良好的生产习惯	9:00—9:10 13:30—13:40
2	分组讲解	(1)机床简介；(2)急停的使用；(3)对刀操作的内容		对机床结构有整体的认识；能正确操作机床；学生理解对刀，须知进行对刀操作	9:10—9:40 13:40—14:10
3	分组操作	由组长指导每个组员进行对刀操作	数控车床 游标卡尺 陀螺零件图 数控车削训练加工工艺过程卡片	每个学生学会并实际操作对刀	9:40—10:30 14:10—15:00
4		课间休息		课间休息	10:30—10:40 15:00—15:10
5	分组操作	由组长指导每个组员进行对刀操作		每个学生学会并实际操作对刀	10:40—11:10 15:10—15:50
6	集中讲解	(1)加工零件的要求；(2)编程的注意事项		使学生学会保证零件尺寸的方法；实际加工时的机床各参数的给定；实际加工程序的编写	11:10—11:30 15:50—16:10
7	分组操作	由组长和组员进行零件的装夹并加工		学会数控加工的加工操作，每组加工出符合要求的零件	11:30—11:55 16:10—16:50
8	工作收尾	(1)整理工、夹、量具、现场环境；(2)洗手		养成良好的工作习惯	11:55—12:00 16:50—17:00

上午或下午

数控车削训练加工工艺过程卡片

			产品名称	陀螺	训练类别：两周
			零件名称	陀螺	生产纲领：单件小批
		总1页　第1页	每台件数	1	生产批量：单件
					机床：数控车床

材料	铝合金	毛坯种类	棒料	毛坯外形尺寸	φ30 mm×400 mm	每毛坯可制作件数	8

序号	工序	工序内容	工序简图	操作方法	工时/min	参考程序
0	准备			打开机床，旋开控制面板和手轮上的【急停】按钮，依次按【回参考点】，依次按【+X】【+Z】按钮		%1234 G00X100 G00Z100
5	装夹	将毛坯夹紧，伸出三爪卡盘70 mm	（70）	利用三爪卡盘钥匙将三爪张开，将毛坯料伸出70 mm，用套管将三爪夹紧	2	
10	对刀	以工件前端面旋转中心为坐标原点		依次按【手动】【主轴开启】【增量】，利用手轮车削外圆并沿Z轴停刀；按【手动】【主轴停止】按钮，测量试车直径；选择MDI刀偏表将试车直径输入到对应刀号，试切端面，沿X退刀保持Z不变，将试切长度置零	2	T0404 M03S800 G00X32Z2 G01X31F80
15	车外形	车削部分圆柱直径为（29±0.3）mm	（50，φ29±0.3）	按【自动加工】调出加工程序，按验程序（由教师完成），按【自动循环启动】按钮加工	10	G7IU3R1P2Q3E0.1 N2G01X0Z0F60 G03X29Z-22 N3G01Z-45
20	切断	切断，保证总长尺寸40 mm	（40）	按下【手动】【主轴正转】按钮，利用【刀位选择】【刀位转换】将切断刀选中；按下【增量】，利用手轮将切断刀移动到切削位置，将手轮调到*10均匀切断	4	G00X100 G00Z100
25	车端面	车平端面		掉头装夹，车平端面（统一由教师完成）	2	M05 M30

西安工业大学 工业中心

实训 **9**

数控铣削加工实训

一、数控铣床安全操作规程

(1)参加训练的学生必须在指定的机床和计算机上进行实训;未经允许,不得乱动其他机床设备、工具或电器开关等。

(2)开动机床前,要检查各操作手柄位置是否正确,工件、夹具及刀具是否已夹持牢固;按要求加注润滑油,然后开慢车空转 3～5 min,确认无故障后,才可正常使用。

(3)程序输入完成后,必须经指导教师同意方可按步骤操作;未经指导教师许可,擅自操作或违章操作,造成事故者,按相关规定接受处分并赔偿相应损失。

(4)加工零件前,必须进行程序校验;加工零件时,必须关上防护门,不准把头、手伸入防护门内;加工过程中不允许打开防护门。

(5)加工过程中,应保持思想高度集中,观察机床的运行状态,操作者不得离开机床;若发生不正常现象或事故时,应立即按下急停按钮(红色)并及时报告指导教师,不得进行其他操作。

(6)严禁用力拍打控制面板,严禁敲击工作台、分度头、夹具、导轨及加工工件。

(7)参加实训的学生在机床控制微机上,除进行程序操作、传输及拷贝外,不允许做其他操作;不得调用、修改其他非自己所编的程序。

(8)除在工作台上安放工装和工件外,机床上严禁堆放任何工、夹、刃、量具,工件和其他杂物。

(9)工作完后,应及时清扫切屑,擦净机床,各部件应调整到正常位置,打扫现场卫生,切断电源,填写设备使用记录表。

二、实训目的及要求

提高数控加工的安全意识,养成良好的工作习惯。了解数控铣床结构及工作原理,能正确操作机床,掌握对刀方法。掌握手工编程方法,并将正确的加工程序及参数输入机床进行加工。

三、成绩构成及操作技能评分标准

本实训工种成绩由三部分构成,其中操作技能成绩占 60%,基本素质成绩占 20%,基本知识成绩占 20%。

数控铣削加工操作技能成绩评分标准

评分项目	满分
编制程序,仿真操作	35 分
对刀	35 分
机床操作	15 分
加工表面质量	15 分

注:数控铣削加工操作技能成绩满分为 100 分。

数控铣削训练指导过程卡片

西安工业大学 工业中心			总1页	第1页	训练类别：两周 0.5天
序号	教学形式	教学内容	教学手段	教学目的	教学时间 课时
1	集中讲解	(1)数控铣削加工安全教育；(2)考勤、分组：将学生分为三个小组，明确小组长的职责		提高数控加工的安全意识，养成良好的生产习惯	9:00—9:20 13:30—13:50
2	集中讲解	(1)机床简介；(2)急停键的使用；(3)对刀操作的内容		对机床结构有整体的认识；学会遇见危险时正确的操作机床；学生理解对刀，掌握对刀操作	9:20—10:00 13:50—14:30
3	分组操作	由组长指导每个组员进行对刀操作	数控铣床 HNC21-M华中系统 太极陀螺零件图 数控铣削训练加工工艺过程卡片	每个学生掌握实际对刀操作	10:00—10:40 14:30—15:20
上午或下午		课间休息		课间休息	10:40—10:50 15:20—15:40
4	集中讲解	(1)数控铣床加工零件的要求；(2)网络传输的注意事项		掌握保证零件尺寸的方法，掌握实际加工时的机床各参数的给定方法，实际加工时会进行网络程序调用	10:50—11:00 15:40—15:50
5	分组操作	(1)学生以组为单位向机床输入加工程序；(2)试加工		能将正确的加工程序及参数输入机床，了解数控铣床的加工过程	11:00—11:50 15:50—16:40
6	训练小结	(1)整理工、夹、量具，现场环境；(2)洗手		养成良好的工作习惯	11:50—12:00 16:40—17:00

西安工业大学 工业中心			数控铣削训练加工工艺过程卡片					产品名称：太极陀螺	训练类别：两周		生产批量：单件小批	
									总1页 第1页			
材料	铝合金	毛坯种类	棒料	毛坯外形尺寸	φ29 mm×40 mm	每毛坯可制件件数	1	每台件数	1	机床	数控铣床	
序号	工序名称	工序内容	工 序 简 图	操作步骤	工时/min	参考程序
0	准备			打开机床，旋开控制面板和手轮上的【急停】按钮，依次按【回参考点】【+Z】【+X】【+Y】按钮。	1	%1234 G90G54G00 X0Y20 Z100 M03S800 G00G41Y14Z5D01 G01Z-0.5F100 G03X0Y0R7 G02X0Y-14R7 G02J14Z-1 G02J14 G00Z10 G01G40Y-20F100 G01G42Y4 G01Z-0.5F80 G03J3 G00Z10 G02J-3Z-0.5F100 G02J-3 G00Z10 G40X6Y2 G01Z-0.5F100 Y15 X8 Y0 X10 Y-12 X10 Y15 X12 Y-10 X14 Y13 X2 Z50 M30
5	装夹	将工件放入专用夹具并夹紧		将夹具上的夹紧螺母松开，将陀螺端面向上放入，将螺母锁紧	2	
10	对刀	以工件端面旋转中心为坐标原点		依次按【手动】【主轴开启】【增量】，利用手轮将刀尖移动到端面旋转中心，在坐标系设定选择 G54 坐标系依次输入当前 XYZ 坐标，将 Z 轴抬起	2	
15	输入程序	将加工程序输入到机床		将新建文件命名为 0195 保存，在【选择程序】【磁盘程序】将程序选中打开调用；打开【网络】，断开网络映射，在网络中输入程序 \\XG06\X1，选择【程序】【网络】，选中要加工的程序	10	
20	校验程序	检查程序是否有错误		将显示切换到图形，按下【程序校验】按钮，按下【自动循环启动】按钮	4	
25	加工	铣削图案		按下【自动循环启动】按钮；剖面部分为铣削部分，深度为 0.5 mm	2	

实训 **10**

加工中心实训

一、加工中心安全操作规程

(1)学生进入数控车间实训,必须经过安全文明生产和机床操作规程的学习。

(2)按规定穿戴好劳动防护用品后,才能进行操作;操作前必须认真检查数控加工中心的状况,夹具、刀具及工件必须夹持良好,才能进行操作;如有异常情况应及时报告教师,以防造成事故。

(3)学生必须在教师指定的机床上操作,按正确顺序开、关机,文明操作;不得随意开他人的机床;当一人在操作时,他人不得干扰机床操作以防造成事故。

(4)切削前必须用机床校验功能模拟切削过程,确认无误,经教师同意后方可进行切削。

(5)启动机床主轴、开始切削前应关好防护门,正常运行时禁止按"急停""复位"按钮,加工中严禁开启防护门。

(6)不允许加工过程中擅自离开机床;如遇紧急情况应按红色"急停"按钮,迅速报告指导教师,经修正后方可再进行加工。

(7)学生不得擅自修改、删除机床参数、系统文件及其他程序文件。

(8)加工完毕后必须进行机床的清洁和润滑保养工作。

(9)工、卡、量具放置应符合安全文明规定。

(10)工、卡、量具及设备损坏照价赔偿。

二、实训目的及要求

提高数控加工的安全意识,养成良好的工作习惯。了解加工中心结构及工作原理,了解加工中心加工范围,能正确操作机床,掌握对刀方法。掌握手工编程方法,并将正确的加工程序及参数输入机床进行加工。

三、成绩构成及操作技能评分标准

本实训工种成绩由三部分构成,其中操作技能成绩占60%,基本素质成绩占20%,基本知识成绩占20%。

加工中心操作技能成绩评分标准

评分项目	满分
数控编程	20分
对刀操作	50分
机床操作	30分

注:加工中心操作技能成绩满分为100分。

加工中心训练指导过程卡片

西安工业大学 工业中心

				训练类别: 两周	0.5 天
				总 1 页	第 1 页

序号	教学形式	教学内容	教学手段	教学目的	教学时间	课时
1	示范讲解 学生操作	(1)加工中心安全教育; (2)认识加工中心, 加工中心构成及加工中心性能特点	加工中心 游标卡尺 高速钢立铣刀 $\phi 10\,mm×30\,mm$	提高安全操作意识; 要求爱护设备, 了解加工中心的加工范围, 正确做好开机前准备工作	9:00～9:30 13:30～14:00
2	示范讲解 学生操作	(1)开机的步骤; (2)工件装夹的方法; (3)操作箱的使用		能独立完成工件的装夹和操作面板的使用	9:30～10:00 14:00～14:30
		课间休息		课间休息	10:00～10:20 14:30～14:50
3	示范讲解 学生操作	(1)正确使用手控盒三轴对刀的方法; (2)学生对刀测评; (3)讲解从刀库中选刀、换刀的程序编制		会通过手控盒来进行找接触点对刀, 了解程序的写入方法和加工过程	10:20～12:00 14:50～17:00

上午或下午

加工中心训练加工工艺过程卡片

西安工业大学 工业中心					产品名称 太极陀螺	总1页 第1页	编号:	
			毛坯种类 棒料	毛坯外形尺寸 φ29 mm×40 mm	每坯可制作件数 1	每台件数 1	生产批量 单件小批	数控铣床
材料 铝合金	序号	工序名称	工序内容	工序简图	操作步骤	工时/min	机床	参考程序
	0	准备	准备		打开机床，旋开控制面板和手轮上的【急停】按钮，依次按【回参考点】【+Z】【+X】【+Y】按钮。			%1234 G90G54G00 X0Y20 Z100 M03S800
	5	装夹	将工件放入专用夹具并夹紧		将夹具上的夹紧螺母松开，将陀螺端面向上放入，将螺母锁紧	2		G00G41Y14Z5D01 G01Z-0.5F100 G03X0Y0R7 G02X0Y-14R7 G02J14Z-1
	10	对刀	以工件端面旋转中心为坐标原点		依次按【手动】【主轴开启】【增量】，利用手轮将刀尖移动到端面旋转中心，在坐标系设定选择G54坐标系依次输入当前XYZ坐标，将Z轴抬起	2		G02J14 G00Z10 G01G40Y-20F100 G01G42Y-14R7 G01Z-0.5F80 G03J3
	15	输入程序	将加工程序输入到机床		将新建文件命名为0195保存，在【网络】将程序选中打开调用：打开【网络】，断开网络映射，在网络映射中输入\\XG06X1，选择【程序】【网络】，选中要加工的程序	10		G00Z10 G00Y-4 G02J-3Z-0.5F100 G02J-3 G00Z10 G40X6Y2
	20	校验程序	检查程序是否有错误		将显示切换到图形，按下【程序校验】按钮，按下【自动循环启动】按钮	4		G01Z-0.5F100 Y15 X8 Y0 X10 Y-12
	25	加工	铣削图案		按下【自动循环启动】按钮；剖面部分为铣削部分，深度为0.5 mm。	2		X10 Y15 X12 Y-10 X14 Y13 X2 Z50 M30

实训 *11*

电火花加工实训

一、电火花线切割机床安全操作规程

(1)数控加工设备属贵重设备,使用者须经专门培训;参加实训的学生必须在指导教师指导下使用数控机床,且严格遵守操作规程。

(2)启动机床系统前必须仔细检查以下各项:所有开关是否处于非工作的安全位置;机床的冷却系统是否处于良好的工作状态;钼丝是否处于导丝轮槽内,钼丝的张紧力是否合适;检查工作台区域有无搁放其他杂物,确保工作台运行畅通。

(3)输入程序前必须严格检查程序的格式、代码及参数选择是否正确;学生编写的程序必须经指导教师检查同意后,方可进行输入操作。

(4)输入程序后必须先进行加工轨迹的模拟显示;确定程序正确后,方可进行加工操作。

(5)启动前应注意以下各项:检查工件是否压紧;检查工件的切割尺寸是否留有余量,以免钼丝割伤工作台;调整好滚丝轮正、反转的运行限位。

(6)加工时应注意以下各项:检查电极放电是否正常;调整冷却液的流量,检查切割液有无滴漏;操作时必须保持精力集中,发现异常情况要立即停车并及时报告指导教师处理,以免损坏设备;严禁双手同时触摸机床,以免造成触电事故;装卸工件时禁止用重物敲打机床部件;务必在机床停稳后,再进行拆装工件等工作;操作者离开机床时,必须停止机床的运转,关闭机床电源。

(7)操作完毕必须关闭配电箱电源,清理工具,保养机床并打扫工作场地。

二、实训目的及要求

提高数控加工的安全意识,养成良好的工作习惯。了解电加工设备结构、工作原理及加工范围,能独立装夹零件,熟练运用手动盒,掌握利用 CAD 软件进行图形绘制的方法,了解并掌握电火花线切割机的基本操作,能独立操作电火花线切割机床加工简单零件。

三、成绩构成及操作技能评分标准

实训工种成绩由三部分构成,其中操作技能成绩占 60%,基本素质成绩占 20%,基本知识成绩占 20%。

电火花加工操作技能成绩评分标准

评分项目	满分
AutoCAD 制图	25 分
程序文件生成	25 分
程序调用	25 分
机床操作	25 分

注:电火花加工操作技能成绩满分为 100 分。

电火花线切割训练指导过程卡片

西安工业大学 工业中心				总 1 页	第 1 页	训练类别：两周
序号	教学形式	教学内容	教学手段	教学目的	教学时间	0.5 天
						课时）
1	示范讲解	(1)电加工安全教育；(2)设备介绍	精雕机 电火花成型机 电火花线切割机	提高安全操作意识；要求爱护公物，了解电加工设备		9:00—9:20 13:30—13:50
2	示范讲解	(1)线切割机床的组成；(2)如何开启机床；(3)工具电极的安装 手动盒的使用；(4)工具电极的安装		能够独立装夹零件，熟练运用手动盒		9:20—9:30 13:50—14:00
3	示范讲解	利用 CAD 软件进行图形的描绘	电火花线切割机	掌握利用 CAD 软件进行图形绘制的方法		9:30—9:45 14:00—14:15
4	示范讲解	电火花线切割基本操作步骤		了解电火花线切割机的基本操作		9:45—10:20 14:15—14:50
上午或下午		课间休息				10:20—10:40 14:50—15:10
5	学生操作	学生综合练习	电火花线切割机	掌握电火花线切割机的基本操作		10:40—12:00 15:10—17:00

电火花线切割训练

加工工艺过程卡片

西安工业大学 工业中心

				总 1 页	第 1 页	训练类别：两周
				产品名称		生产批量　单件小批
材料	毛坯种类	毛坯外形尺寸	每毛坯可制件数	陀螺		数控线切割
45 钢	板料	0.2 mm/0.3 mm		每台件数　1	机床	参考程序

序号	工序名称	操作步骤	工时/min
1	图形描绘	将要加工的图形复制、粘贴到 CAD 软件中，利用 CAD 软件作图方法进行描绘，有以下具体要求：(1)图形必须画出的封闭图形；(2)只能使用圆弧和直线命令；(3)图形不能有交点及断点；(4)图形上不能有重复的线段以及隐藏的点	30
2	保存图形	(1)点击屏幕上方工具栏中的【文件】【另存为】，在屏幕上的对话框中选择保存路径为桌面，文件类型为 DXF 文件；(2)或在电脑桌面上打开 CAXA 管理模块，把刚刚保存的文件导入线切割操作业结果相应的组里	2
3	生成加工程序	(1)在车间电脑上打开 CAXA 网络管理模块客户端，点击文档树，在电火花线切割作业结果中导出自己的作业放在桌面上。(2)打开某界面导出的文件，将被加工图形设定在 40mm×40mm 尺寸范围内，再次保存，将保存的文件发送到 3.5 寸软盘，将软盘插入机床软驱内。(3)打开机床，将软盘插入。在开机床屏幕点击 CAM (F8) →CAD(F1) →档案→DXF 格式→B 盘，找到文件名，双击打开，点击线切割→路径，输入穿丝点、切入点，切割方向，点击 ENTER，输入中文件名，存盘文件命名为 0000，点击 ENTER，切割→CAM→CAM(F2)，选中文件名，按键 CTRL+C，输入左偏（右偏），点击 ENTER，将返回 (F10) 键 3 次，按编辑 (F10) →载入 (F1) D 盘，找到文件名，按 ENTER→自动 (F9) →模拟打开 (F3)，按 ENTER 模拟加工，确认无误后按 F3 将模拟关掉	10
4	工件安装	安装工件，要求放置校正工件	2
5	加工	用手动盒将钼丝移动割板钢板的相应位置，将挡板挡上，按 ENTER 后自动加工	30～60

实训 **12**

激光加工实训

一、激光实训安全操作规程

(1)应严格按有关操作说明的顺序开机。

(2)当冷却系统出现故障时,不得开机工作。

(3)开机后,确认故障报警灯全都处于关闭状态后,方可继续进行操作。

(4)除调试激光器输出能量大小及整机光路外,排除故障均应切断电源进行。

(5)在高温天气里,使用频率较高时,应每两周更换一次冷却水。在低温天气里,应每三周更换一次冷却水,并做记录。

(6)冷却系统若有漏水现象,应查明原因,堵漏后方可开机;水路软管不允许有弯折、堵塞现象。

(7)严禁在加工时用眼睛正对激光器,以免造成不可见的激光伤害。

(8)本机工作时,呈高压大电流状态,不得在开机时进行维护检修。

(9)激光电源为风冷却方式;若冷却出现故障,应将其及时排除后才可开机。

(10)在激光停止后,水泵应再运行几分钟,使激光器得到冷却。

(11)工作完毕后,应严格按操作顺序关机;擦净设备,清洁工作场地,做好有关记录。

二、实训目的及要求

提高激光加工的安全意识,养成良好的工作习惯。掌握激光加工操作步骤,每一步操作的目的、操作方法及相关软件的使用。掌握激光加工操作步骤的操作方法及相关软件的使用。了解不同激光刻绘加工方法。

三、成绩构成及操作技能评分标准

本实训工种成绩由三部分构成,其中操作技能成绩占 60%,基本素质成绩占 20%,基本知识成绩占 20%。

激光加工操作技能成绩评分标准

评分项目	满分
工件方向	30 分
参数校核	10 分
操作步骤	30 分
绘制作品的原创性	30 分

注:激光加工操作技能成绩满分为 100 分。

激光加工训练指导过程卡片

西安工业大学 工业中心				总 1 页	第 1 页	训练类别：两周

序号	教学形式	教学内容	教学手段	教学目的	教学时间	0.5 天
						课时
1	示范讲解	示范讲解激光加工操作步骤、每一步操作的目的及操作方法（加工前的四个步骤）	计算机、内雕软件等教学设备	掌握激光加工操作步骤（加工前的四个步骤）每一步的操作方法及相关软件的使用	9:00—9:40 13:30—14:10
2	操作考核	每个轮流学生在限定的时间内完成上述（加工前的四个步骤）操作		能正确操作激光加工前的四个步骤	9:40—10:00 14:10—14:40
3	示范讲解	示范讲解激光加工操作步骤第五步（加工）的操作方法	激光内雕机	掌握激光加工操作步骤第五步（加工）的操作方法及相关软件的使用	10:00—10:10 14:40—14:50
4	操作考核	每个轮流学生完成第五步（加工）操作		能正确操作激光加工操作步骤的第五步（加工）	10:10—12:00 14:50—16:40
上午或下午 5	打扫卫生	打扫卫生			16:40—17:00

激光加工训练工艺过程卡片

材料	玻璃		西安工业大学 工业中心				总 1 页	第 1 页	编号:		
							产品名称	内雕作品	生产批量	单件小批
							每台件数	1	机床	激光内雕机
毛坯种类	玻璃板	毛坯外形尺寸	80 mm×50 mm×6 mm	每毛坯可制作件数	1					
序号	工序名称	操作步骤						设备或软件		工时/min
1	设计构思	确定所要加工的内容								课余时间完成
2	模型建立	可通过下载图片、拍照、绘画、书写书法作品等建立模型，也可用计算机软件建立模型						计算机 AutoCAD 3d max8 三维建模软件 HL.3D.exe 三维图形内雕处理软件		课余时间完成
3	图片处理	进行图片构图裁剪、亮度、对比度调整、背景黑色处理、背景简单化处理、反色及特殊处理等						计算机 PhotoStudio 5.5 图片处理软件		180/组
4	内雕处理	(1) 设置图像大小：75mm×45mm；(2) 添加文字信息 (选做)；(3) 设置内调参数：点间距 "0.14"、加工方式 "分层浮雕"、分层数 "3"、层间距 "0.5"、物料高度 "6"、Z向偏移 "−0.6"						计算机 HL.exe 图形内雕控制软件		6/人
5	内雕加工	(1) 加工前按要求打磨好玻璃的边角，以防划伤手指；(2) 按要求放置玻璃，设置雕刻电流 "17.4"；(3) 选择 "通用内调方式" "内雕"，"锁定工作台"，加工开始至加工结束						PHANTOM2000 激光内雕机 HL.exe 图形内雕控制软件		6/人

第二部分

报　　告

报告 1

车削加工实训

1.写出下列普通车床示意图(见报告图1-1)所指部分的名称及作用。

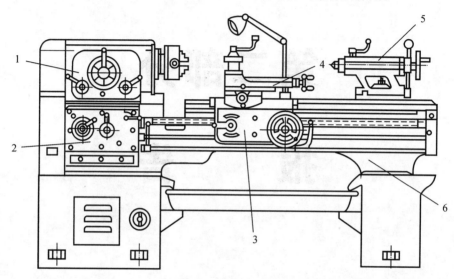

报告图1-1 车床示意图

(1)＿＿＿＿＿＿＿＿＿＿＿＿＿＿＿＿＿＿＿＿＿＿＿＿＿＿＿

(2)＿＿＿＿＿＿＿＿＿＿＿＿＿＿＿＿＿＿＿＿＿＿＿＿＿＿＿

(3)＿＿＿＿＿＿＿＿＿＿＿＿＿＿＿＿＿＿＿＿＿＿＿＿＿＿＿

(4)＿＿＿＿＿＿＿＿＿＿＿＿＿＿＿＿＿＿＿＿＿＿＿＿＿＿＿

(5)＿＿＿＿＿＿＿＿＿＿＿＿＿＿＿＿＿＿＿＿＿＿＿＿＿＿＿

(6)＿＿＿＿＿＿＿＿＿＿＿＿＿＿＿＿＿＿＿＿＿＿＿＿＿＿＿

2.填写下列空缺。

(1)车削加工时,主运动是＿＿＿＿＿＿运动,进给运动是＿＿＿＿＿运动。

(2)车刀切削工件时,工件上形成的三个表面是＿＿＿＿、＿＿＿＿、＿＿＿＿。

(3)车端面时,中心残留凸起。这是因为＿＿＿＿＿＿＿＿＿＿＿＿＿＿＿＿。

(4)车床常用的附件有＿＿＿＿＿＿＿、＿＿＿＿＿＿＿、＿＿＿＿＿＿＿、＿＿＿＿＿＿＿等。

3.写出下列刀具的名称及用途。

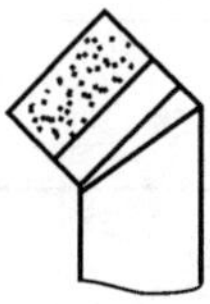

名称：＿＿＿＿＿＿＿

用途：＿＿＿＿＿＿＿

名称：＿＿＿＿＿＿＿

用途：＿＿＿＿＿＿＿

名称：＿＿＿＿＿＿＿

用途：＿＿＿＿＿＿＿

名称：＿＿＿＿＿＿＿

用途：＿＿＿＿＿＿＿

名称：＿＿＿＿＿＿＿

用途：＿＿＿＿＿＿＿

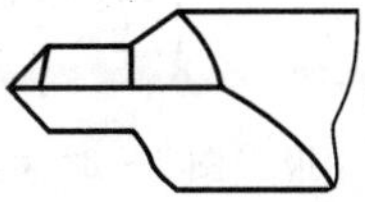

名称：＿＿＿＿＿＿＿

用途：＿＿＿＿＿＿＿

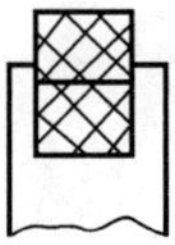

名称：＿＿＿＿＿＿＿

用途：＿＿＿＿＿＿＿

名称：＿＿＿＿＿＿＿

用途：＿＿＿＿＿＿＿

4.写出如报告图1－2所示刀具各部分的名称。

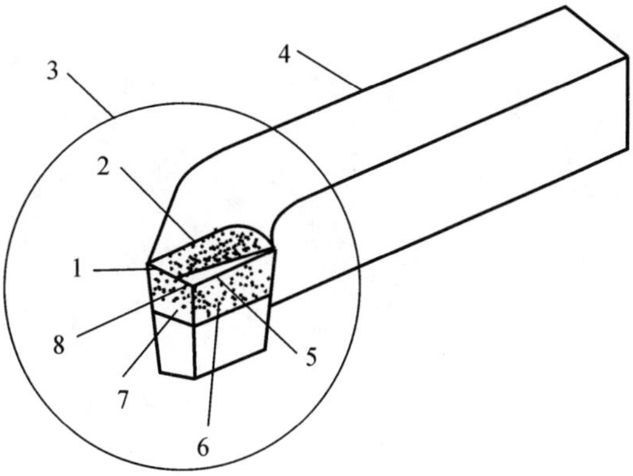

报告图1－2　90°外圆车刀示意图

(1)＿＿＿＿＿＿＿＿＿＿＿＿＿＿＿＿＿＿＿＿＿＿＿＿＿＿＿

(2)＿＿＿＿＿＿＿＿＿＿＿＿＿＿＿＿＿＿＿＿＿＿＿＿＿＿＿

(3)＿＿＿＿＿＿＿＿＿＿＿＿＿＿＿＿＿＿＿＿＿＿＿＿＿＿＿

(4)＿＿＿＿＿＿＿＿＿＿＿＿＿＿＿＿＿＿＿＿＿＿＿＿＿＿＿

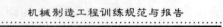

（5）_____

（6）_____

（7）_____

（8）_____

5.读出如报告图 1-3 所示的精度为 0.02 mm 游标卡尺的读数：_____。

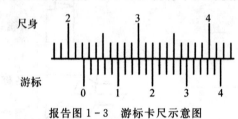

报告图 1-3　游标卡尺示意图

6.车床能加工哪些工件？你在实训中加工过哪些表面？

报告 *2*

铣削加工实训

1. 填空。

(1)升降台铣床分为_____和_____两种,其主要区别在于一个是与工作台平面_____,一个是与工作台平面_____。

(2)你在实训中所使用的铣床型号是_____,其各自代表的含义是_____

_____。

(3)铣刀可分为_____和_____。_____多用于立式铣床,

_____一般用于卧式铣床。

2. 注明如报告图 2-1 所示的立式铣床各部分的名称。

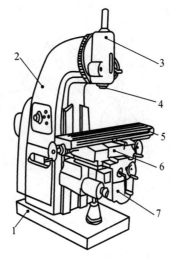

报告图 2-1　立式铣床结构示意图

(1)_____

(2)_____

(3)_____

(4)_____

(5)_____

(6)_____

(7)_____

3.写出铣床主要附件名称及其作用。

(1)_____,其作用_____;

(2)_____,其作用_____;

(3)_____,其作用_____;

(4)_____,其作用_____。

4.按下列加工示意图,填写所用刀具名称、用途并选择合适机床。

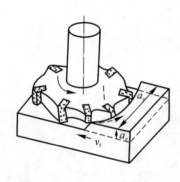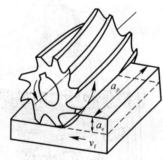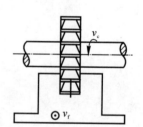

机　床:_____　　机　床:_____　　机　床:_____

刀具名称:_____　刀具名称:_____　刀具名称:_____

刀具用途:_____　刀具用途:_____　刀具用途:_____

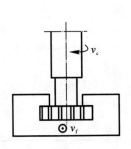
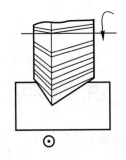
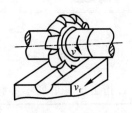

机　　床：_____　　　机　　床：_____　　　机　　床：_____

刀具名称：_____　　　刀具名称：_____　　　刀具名称：_____

刀具用途：_____　　　刀具用途：_____　　　刀具用途：_____

5.何谓顺铣和逆铣？在什么情况下采用顺铣加工？在什么情况下采用逆铣加工？

6.你认为如报告图2-2所示的铣削加工零件的结构工艺设计合不合理？为什么？如不合理请画出修改图。

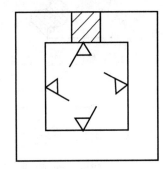

报告图2-2

报告 *3*

钳 工 实 训

1.指出加工下列零件有阴影的表面用哪种锉刀,有哪几种锉削方法。

锉刀名称: 用板锉刀 锉削方法: 用顺锉法	锉刀名称:＿＿＿＿＿ 锉削方法:＿＿＿＿＿	锉刀名称:＿＿＿＿＿ 锉削方法:＿＿＿＿＿
锉刀名称:＿＿＿＿＿ 锉削方法:＿＿＿＿＿	锉刀名称:＿＿＿＿＿ 锉削方法:＿＿＿＿＿	锉刀名称:＿＿＿＿＿ 锉削方法:＿＿＿＿＿
锉刀名称:＿＿＿＿＿ 锉削方法:＿＿＿＿＿	锉刀名称:＿＿＿＿＿ 锉削方法:＿＿＿＿＿	锉刀名称:＿＿＿＿＿ 锉削方法:＿＿＿＿＿

2.填补下列空缺。

（1）钳工锉削平面方法有 ＿＿＿＿＿＿＿、＿＿＿＿＿＿、＿＿＿＿＿＿。其中 ＿＿＿＿＿＿＿用于粗加工。

（2）钳工加工内螺纹采用的方法称为 ＿＿＿＿＿＿＿＿＿,钳工加工外螺纹使用的工具 是＿＿＿＿＿＿。

(3)名词解释。

锯割：_____。

锉削：_____。

刮削：_____。

3.根据报告图3-1所示,写出立式钻床各组成部分的名称,并简要说明其作用。

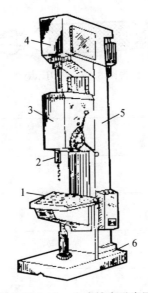

报告图3-1 立式钻床示意图

(1)_____。

(2)_____。

(3)_____。

(4)_____。

(5)_____。

(6)_____。

4.报告图 3-2 所示各断面,现用锯割方法锯断,试选择所用锯条(材料均为 45 钢)。

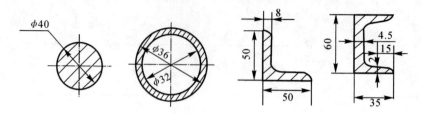

_____ 锯条　　_____ 锯条　　_____ 锯条　　_____ 锯条

报告图 3-2

5.锉刀的结构如报告图 3-3 所示,请回答下述问题。

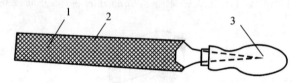

报告图 3-3　锉刀示意图

(1)名称:_____

　　　作用:_____

　　　锉纹为 _____

(2)名称:_____

　　　作用:_____

　　　锉纹为 _____

(3)名称:_____

　　　作用:_____

6.锉削平面时,产生中凸的原因是什么? 如何防止?

7. 怎样辨别丝锥的头锥和二锥？攻螺纹时经常反转的原因是什么？

报告 *4*

铸 造 实 训

1.请简述砂型铸造生产过程(画图)。

2.标出铸型装配图(见报告图 4-1)的各部分名称与作用。

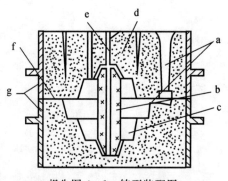

报告图 4-1 铸型装配图

a _____

b _____

c _____

d _____

e _____

f _____

g _____

3.标出如报告图 4-2 所示的铸件浇注系统各部分的名称与作用。

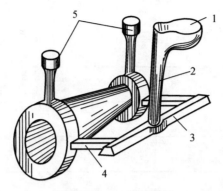

报告图 4-2　浇注系统

(1)_____。

(2)_____。

(3)_____。

(4)_____。

(5)_____。

4.根据下列铸件缺陷特征,写出缺陷名称,并找出产生该缺陷的主要原因。

(1)铸件内部或表面有充满沙粒的孔眼,孔型不规则。

　　缺陷名称:_____。

　　主要原因:a _____

　　　　　　　b _____

　　　　　　　c _____

(2)铸件厚断面处出现形状不规则的孔眼,孔内壁粗糙。

　　缺陷名称:_____。

　　主要原因:a _____

　　　　　　　b _____

　　　　　　　c _____

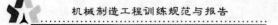

(3)铸件在分型面处相互错开。

缺陷名称:＿＿＿＿＿＿＿＿＿＿＿＿。

主要原因:a ＿＿＿＿＿＿＿＿＿＿＿＿＿＿＿＿＿＿＿＿

　　　　　b ＿＿＿＿＿＿＿＿＿＿＿＿＿＿＿＿＿＿＿＿

　　　　　c ＿＿＿＿＿＿＿＿＿＿＿＿＿＿＿＿＿＿＿＿

　　　　　d ＿＿＿＿＿＿＿＿＿＿＿＿＿＿＿＿＿＿＿＿

5.零件图、铸件图和模样图的形状、尺寸是否一样？请简述理由。

报告 *5*

焊 接 实 训

1.写出报告图 5-1 中序号所表示部分的名称。

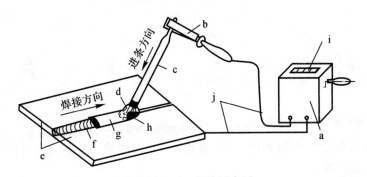

报告图 5-1 焊接示意图

a _____ b _____ c _____ d _____

e _____ f _____ g _____ h _____

i _____ j _____

2.根据焊接过程中金属材料所处的状态不同,可以把焊接分为 _____、

_____、_____。实训中的手工电弧焊属于_____。

3.焊接工艺中包括焊接接头和坡口两种工艺形式,焊接接头形式有 _____、

_____、_____、_____。坡口形式有 _____、_____、

_____、_____。根据操作方位不同,焊接位置可分为 _____、

_____、_____、_____。

4.焊缝内部及外部的缺陷主要由 _____、_____、_____、

_____、_____、_____六部分组成。

5.写出你在实训中所使用焊条的牌号及各符号的意义？并写出焊条各组成部分的作用。

6.你认为下列焊接件(见报告图5-2、报告图5-3)的结构工艺设计合不合理？为什么？如不合理请画出修改图。

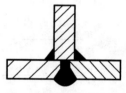

报告图5-2

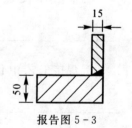

报告图5-3

报告 *6*

磨 削 实 训

1.填空题。

(1)磨削主要用来加工零件的_____面、_____面和_____面等。

(2)外圆磨削加工中,常用的三种装夹方法是_____、_____和

_____。

(3)组成砂轮的三要素为_____、_____、_____。

(4)砂轮的特性取决于_____、_____、_____、_____、

_____、_____和_____等。

2.填写下表。

加工简图	磨削种类	切削运动	加工表面
		a. b. c. d.	
		a. b. c. d.	

3.试述磨削的加工特点及加工范围。

4.砂轮的硬度和磨料的硬度有何不同？

5.写出实训中你所操作的磨床型号及各符号所代表的意义。

报告 7

数控车削加工实训

1. 简述数控车床的加工对象及特点。

2. 什么是数控车床坐标系？说明确定工件坐标系的一般原则。

3. 参考报告图 7-1，在右边方框中另设计一个零件图纸并进行编程。

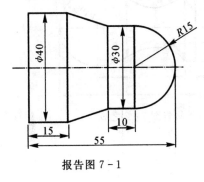

报告图 7-1

设计图形处：

程序：

4.编程,要求程序名必须为自己完整学号。

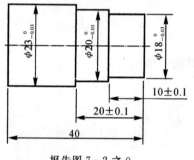

报告图 7-2 之 0

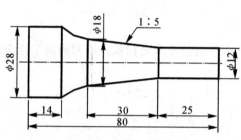

报告图 7-2 之 1

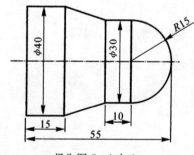

报告图 7-2 之 2

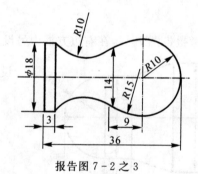

报告图 7-2 之 3

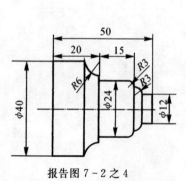

报告图 7-2 之 4

报告图 7-2 之 5

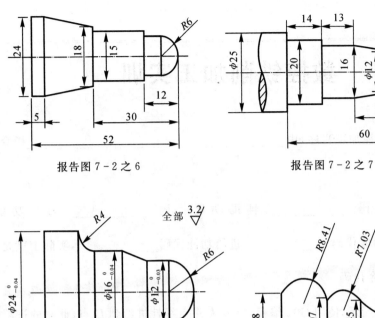

报告图 7-2 之 6

报告图 7-2 之 7

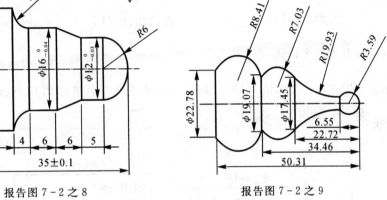

报告图 7-2 之 8

报告图 7-2 之 9

程序：

报告 8

数控铣削加工实训

1.一个完整的数控加工程序,由_____、_____、_____指令三部分组成。

2.准备功能代码_____、辅助功能代码_____、刀具功能代码_____、主轴功能代码_____、进给功能代码_____,实际上就是控制数控机床动作的基本指令代码。

3.如报告图 8-1 所示,使用 G01 编程:要求从 A 点线性进给到 B 点(此时的进给路线是 A→B 直线)。

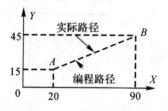

从A到B线性进给

绝对值编程:
   G90 G01 X_Y_F800
增量值编程:
   G91 G01 X_Y_F800

报告图 8-1

4.简述数控铣床的组成及加工特点。

5.写出汽车模型数控铣削加工的控制程序。

报告 9

加工中心实训

1. 数控加工中心由_____、_____、_____、_____等部分组成。其与数控铣床最大的区别是_____。

2. 简述加工中心的适用加工范围及主要加工对象。

3. 加工中心的结构特点有哪些？

报告 *10*

电火花加工实训

1.简述电火花加工原理。

2.标出如报告图 10-1 所示的各主要功能部件的名称。

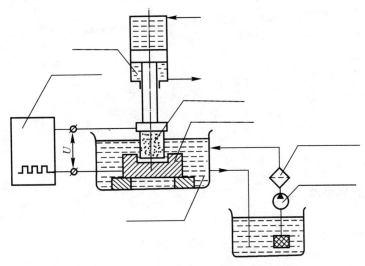

报告图 10-1 电火花成形加工原理示意图

3.简述电火花成形加工的特点及适用范围。

4.简述影响电火花线切割加工精度的因素。

激光加工实训

1. 简述激光特性。

2. 简述激光内雕原理。

3.简述二维激光内雕加工的一般流程。

4.简述激光打标、切割及激光内雕的主要特点及适用范围。

机械制造工程训练小结

1.通过这次工程训练,你有哪些收获和体会? 在哪个实训环节收获最大? 请简述理由。

2.在工程训练过程中,哪些指导教师给你留下的印象最深刻? 请详细谈谈你的感受和印象(含正、反两方面)是什么?

3.你对这次工程训练有何建议？希望如何改进？

4.回想实训过程,你在技术上还有什么问题需要指导教师解答？

机械制造工程训练报告成绩

序号	实训项目	成绩	批阅教师签字	日期	备注
1	车削加工				
2	铣削加工				
3	钳　工				
4	铸　造				
5	焊　接				
6	磨　削				
7	数控车削加工				
8	数控铣削加工				
9	加工中心				
10	电火花加工				
11	激光加工				

模拟电子技术实验教程

报 告 书

（第2版）

班　　级＿＿＿＿＿＿＿＿＿＿＿＿

姓　　名＿＿＿＿＿＿＿＿＿＿＿＿

学　　号＿＿＿＿＿＿＿＿＿＿＿＿

实验组别＿＿＿＿＿＿＿＿＿＿＿＿

西北工业大学出版社

西 安

目　　录

实验报告要求

实验报告的内容应符合实验教程的要求,包括以下内容:

(1)实验目的。

(2)实验的主要工作原理及原理图。

(3)为实现实验要求所采用的主要测试方法与所用仪器、元器件等(仪器名称、型号等)。

(4)测试结果(包括必要的计算、所测数据、曲线和波形等)。

(5)结论(包括实验结果分析、理论分析及产生误差的原因分析)。

(6)实验体会、思考题。

模拟电子技术实验报告（1）

实验日期_____ 评分_____指导教师签字_____

模拟电子技术实验报告(2)

实验日期_____ 评分_____ 指导教师签字_____

模拟电子技术实验报告(3)

实验日期_____评分_____指导教师签字_____

模拟电子技术实验报告(4)

实验日期_____评分_____指导教师签字_____

模拟电子技术实验报告(5)

实验日期_____评分_____指导教师签字_____

模拟电子技术实验报告(6)

实验日期_____ 评分_____ 指导教师签字_____

模拟电子技术实验报告(7)

实验日期_____评分_____指导教师签字_____

模拟电子技术实验报告(8)

实验日期_____评分_____指导教师签字_____

模拟电子技术实验报告(9)

实验日期_____评分_____指导教师签字_____

模拟电子技术实验报告(10)

实验日期_____评分_____指导教师签字_____